LA VÉRITÉ

SUR

L'EMPRUNT D'HAITI

LA VÉRITÉ

SUR

L'EMPRUNT D'HAÏTI

« N'avons-nous pas, en ce moment, de-
« vant les yeux, le spectacle le plus navrant.
« Partout que de ruines. Port-au-Prince,
« capitale de la République, ville en ruines!
« Les Cayes, ville en ruines! Gonaïves, ville
« en ruines!... »

*Extrait du discours prononcé par M. Chambeau Débrosse, député, dans la séance du 9 mars 1875 de l'*Assemblée nationale constituante d'Haïti.

PARIS
CASIMIR PONT, LIBRAIRE-ÉDITEUR
97, rue de Richelieu, 97
ET PASSAGE DES PRINCES

1875

AU PUBLIC

Après les catastrophes financières qui ont si durement éprouvé l'épargne française, après les mémorables et cruelles déceptions infligées aux trop confiants actionnaires et obligataires, il était permis d'espérer que nous ne verrions plus se renouveler, dans ce pays, les audacieuses tentatives de ces entrepreneurs d'émissions, qui cherchent à jeter l'argent de la France par de là l'Océan.

Notre naïveté se méprenait.

Des spéculateurs se sont rencontrés, qui, méconnaissant les avertissements d'un passé datant d'hier, ne craignent pas aujourd'hui d'affronter le public, et de lui offrir l'appât d'un nouvel Emprunt d'Haïti.

Ce sans-gêne avec lequel on traite l'expérience et la bourse des gros et des petits,—mais surtout des petits capitalistes, ne nous laisse pas assez indifférents pour que nous ne croyions pas de notre devoir d'apporter quelque lumière dans une ténébreuse affaire si bien mise en œuvre par la multiplicité des réclames.

Aussi n'hésitons-nous pas à publier cette brochure, dans laquelle nous cherchons à placer, sous les yeux de ceux qui pourraient être alléchés par les belles promesses, la vérité sur l'Emprunt d'Haïti.

Dans les quelques pages que nous publions, nous tâchons de réduire à leur expression réelle, les avantages et les garanties qu'on fait miroiter aux yeux des prêteurs insuffisamment informés.

Nous traitons l'affaire au point de vue de l'intérêt public; heureux si nous parvenons à démontrer à quelques-uns, que l'émission nouvelle n'est pas ce qu'un vain programme voudrait faire croire, et si nous arrivons à persuader à tous que la France n'est plus assez riche pour payer l'opulence malsaine de quelques spéculateurs peu scrupuleux.

LA VÉRITÉ SUR L'EMPRUNT D'HAITI

Un peu d'Histoire et de Géographie.

L'île d'Haïti est située dans la mer des Antilles, au sud-est de Cuba et à l'est de la Jamaïque. Elle mesure environ 660 kilomètres de long sur 260 de large, et compte près d'un million d'habitants, dont 6 à 700,000 pour la République d'Haïti et autant pour Saint-Domingue.

Haïti est divisé en deux parties : la partie française à l'ouest, et la partie espagnole à l'est. La partie française a pour capitale Port-au-Prince. L'île entière est divisée en six départements : Ouest, Sud, Artibonite, Nord, Nord-Est. Sud-Est, qui ont pour chefs-lieux: Port-au-Prince les Casses, les Gonaïses, le cap Haïtien, Santiago et Santo-Domingo.

Découverte le 6 décembre 1492, par Christophe Colomb, l'île fut le siége du premier établissement européen. En 1495, les Espagnols y fondèrent Santo-Domingo, qui fit donner à toute l'île le nom de Saint-Domingue.

Primitivement habitée par les Caraïbes, race depuis complétement éteinte, Haïti fut cédée définitivement à la France, par le traité de Ryswick, signé en 1697.

La colonie française s'accrut très rapidement; en 1789, on comptait 600,000 habitants, dont 500,000 esclaves, pendant que la partie espagnole n'avait que 125,000 habitants.

Traités avec beaucoup de rigueur par les colons, les esclaves se révoltèrent en 1722; mais cette première tentative fut vivement réprimée. Après le décret du 8 mars 1790, voté par l'Assemblée nationale, qui accordait aux hommes de couleur les droits politiques, les noirs se soulevèrent partout, et commirent, sous la conduite de Boukman, de grandes atrocités.

Marsaca, chef noir, s'empara du Cap en 1793, et en massacra tous les habitants libres. Le fameux Toussaint-Louverture continua cette petite guerre de parti, jusqu'au jour où il fut pris très adroitement par le général Leclerc, qui l'envoya en France. Les hostilités recommencèrent en 1803 et en 1805; l'île fut complétement évacuée par les troupes françaises.

***

Quelques détails sur la série de gouvernements qui se sont succédé à Haïti ne seront pas inutiles pour donner une idée de la stabilité des institutions politiques dans ce pays.

Le général Dessalines, maître de l'île, proclama son indépendance et prit le titre d'empereur d'Haïti, sous le nom de Jacques Ier; il fut assassiné en 1806. Christophe s'empara aussitôt du pouvoir; après une lutte acharnée contre Pétion, son rival, il resta maître de la plus grande partie de l'île, et prit, en 1811, le titre de roi, sous le nom de Henri Ier. Pétion conserva néanmoins jusqu'à sa mort la partie sud de l'île et y maintint le gouvernement républicain. Christophe périt dans une insurrection militaire en 1820. Alors Boyer, qui avait succédé, en 1828, à Pétion dans le gouvernement du Sud, fut proclamé président. Il soumit la partie espagnole et devint maître de toute l'île en 1822. En 1825, la France reconnut l'indépendance d'Haïti, qui devait, en retour, payer aux anciens colons une indemnité de 150 millions de francs, indemnité qui, en 1838, fut réduite à 90 millions. En 1843, Boyer, accusé de tyrannie, fut expulsé et remplacé par le général Hérard, puis par Guerrier en 1844, par Pierrot en 1845, par Richer en 1845, par Soulouque en 1847. Ce dernier se fit proclamer empereur en 1849, et la république fut rétablie sous la présidence de Geffrard, que remplaça Salnave en 1867.

Au milieu de tous ces troubles, la partie orientale de l'île s'était définitivement séparée. Elle forma, depuis 1843, sous le nom de *République dominicaine*, un Etat à part, qui comptait environ 50,000 habitants, et qui avait pour capitale Santo-Domingo. Après avoir quelque temps reconnu l'autorité de l'Espagne (1861-1865), pour se soustraire à celle d'Haïti, Saint-Domingue se constitua de nouveau en république indépendante (1865).

Situation actuelle.

Le gouvernement actuel est installé depuis un an, à la suite d'un coup d'Etat du général Domingue, qui s'empara du pouvoir et expulsa les représentants du peuple. Pendant quelques mois, personne n'a bougé ; mais ce calme étonnant ne devait pas durer.

Déjà des nouvelles de troubles nous parviennent de Port-au-Prince, capitale d'Haïti. Les généraux d'opinions diverses se remuent, et le nombre en est considérable.

Le président Domingue s'est vu dans la nécessité, pour réprimer l'insurrection, de mettre le pays en état de siége, et il ne se maintient au pouvoir que par la terreur.

Voici le décret proclamant l'état de siége :

« MICHEL DOMINGUE,

» PRÉSIDENT D'HAÏTI.

» Vu les événements de cette journée, l'arrondissement de Port-au-Prince est mis en état de siége à partir de la publication du présent acte.

» Tous les citoyens sont invités à se réunir sans délai, tant ceux de l'ordre administratif et de l'ordre judiciaire que les officiers en non-activité de service, aux bureaux de la place et de l'arrondissement, où des corps de milice seront organisés.

» Tous les contrevenants à cette décision seront arrêtés et poursuivis comme ennemis de la chose publique.

» Donné au palais national du Port-au-Prince, le 1er mai 1875, an soixante-douzième de l'indépendance.

» DOMINGUE. »

« Par le Président :

» *Le Secrétaire d'Etat, vice-président,*

» S. RAMEAU.

» *Le secrétaire d'Etat de la guerre, etc.,*

» PROSPER FAURE.

» *Le secrétaire d'Etat de la police générale, chargé du portefeuille de l'intérieur,*

» C. HEURTELOU.

» *Le Secrétaire d'Etat des finances et du commerce,*

» EXCELLENT.

» *Le Secrétaire d'Etat de l'instruction publique et des cultes,*

» MADIOU.

» *Le Secrétaire d'Etat de la justice,*

» BOCOU. »

Puisque nous sommes en train de citer des documents officiels, enregistrons textuellement la proclamation du Président :

Proclamation.

» MICHEL DOMINGUE,

» PRÉSIDENT D'HAÏTI.

» Appelé à la première magistrature de l'Etat, au dénouement d'une révolution parlementaire des plus heureusement accomplies, je m'étais promis de ne sortir de la ligne politique qui m'était tracée par les événements, qu'autant que la témérité des opposants à l'ordre des choses établi m'y aurait contraint.

» Vainement on avait tenté de fermer la voie à mon élévation au pouvoir, d'étouffer la volonté nationale qui m'y désignait à grands cris : le peuple fit solennellement justice des prétentions erronées du petit nombre de citoyens qui, par leurs tendances criminelles, imposaient leurs intérêts particuliers, leur ambition effrénée à la nation, *dont ils se croyaient les maîtres.*

» Soldat-citoyen, nécessairement pacifique, accordant au même degré ma bienveillance à tous mes concitoyens, mon devoir fut, après le triomphe du bon sens populaire, d'inscrire sur le drapeau de la République, « l'ou-» bli du passé, » et d'appeler tous les membres de la famille haïtienne à reformer le faisceau rompu par les malheurs et les discordes civiles. Je déclarais et déclare, « qu'issu de la volonté de la nation, mon gouvernement

» ne sera jamais celui de la coterie et de la spéculation
» politique ; que la grande majorité qu'il a l'honneur de
» représenter lui a conquis éclatamment le titre de
» *parti national*, et qu'en cette qualité honorable, il ne
» faillira jamais à ses devoirs. »

» Mais ceux qui, luttant contre cette vérité, s'étaient jetés dans l'arène avec l'espérance d'assouvir leurs passions et même leurs haines personnelles, n'ont jamais pu se consoler de leur défaite, ni se résoudre à déférer au respect dû par chaque citoyen à la sanction de la volonté suprême. Néanmoins, d'anciens souvenirs de la révolution de 1868, nous attachaient à plusieurs d'entre eux, nous trouvions ainsi plus de raisons à persévérer dans la voie pacifique que nous suivions, nous flattant du doux espoir, hélas, éphémère ! qu'éclairés par le malheur, par la mémoire des faits accomplis, ces citoyens reviendraient à de plus saines doctrines que celles qu'ils ont mises en pratique et nous permettraient de leur offrir encore des témoignages de notre confraternité. La plupart mes anciens lieutenants, tandis que j'étais disposé encore à les accueillir, n'ont jamais rien essayé pour donner lieu à la réconciliation que leur dictaient et les convenances et le devoir et l'honneur. « Ils
» méconnaissaient la main qui leur était tendue et qui,
» naguères encore, les avait sauvés du danger. »

» Notre esprit de cordialité et de sagesse est accusé par eux de faiblesse, en même temps que certains actes réalisés par mon gouvernement, à la gloire du pays, n'ont fait que soulever davantage leur implacable jalousie, exciter leur désespoir et leur haine. Dans leur rage, ils jurent l'anéantissement de la République, et de frapper, par l'*assassinat*, tous ceux qui sont un obstacle à leurs coupables desseins... Assassinat ! la terre d'Haïti s'est à peine reposée de l'ébranlement dont l'acte fratricide du 17 octobre 1806, a été la trop regrettable conséquence !!! »

. . . .

. . . .

. . . .

« Qui oubliera, d'ailleurs, que, *bien avant la fin de la lutte parlementaire*, les chefs de la faction qui s'oppose aux aspirations nationales, doutant du triomphe, osèrent demander publiquement à mon honorable prédécesseur, le général Nissage-Saget, « de courir sus aux Domin- » guistes ? »

» Ce fait ne saurait être effacé des annales de notre histoire.

» Enfin, le gouvernement qui, au milieu de tous ses efforts pour ramener la paix et l'union dans le pays, n'a cessé de suivre d'un œil vigilant les menées les plus secrètes, est parvenu à acquérir les preuves qu'une vaste conspiration s'organise et qu'elle est à la veille d'éclater à la capitale. Des avis importants de l'extérieur confirment toutes ses appréhensions. Ses agents les plus actifs sont à Kingston (Jamaïque), veillant l'heure de la nouvelle « Saint-Barthélemy » qu'ils préparaient à la patrie, pour y rentrer le poignard à la main !!... Nous ne pouvons mettre plus longtemps dans la balance la paix publique avec des hommes qui, par leur opiniâtreté, se déclarent les ennemis de la société, qu'ils devraient nous aider à relever de sa détresse, plutôt que de vouloir la lancer dans les dangers de nouvelles aventures.

» Haïtiens! Assez de sang a coulé. La patrie en est abreuvée ! Nous avons résolu, avec l'aide de la Providence et de vous tous, d'y mettre un terme.

» Les citoyens frappés par le décret de ce jour sont un obstacle à notre avenir, à notre bonheur. Dans leur aveugle ambition, ils sont irréconciliables ; aucune considération de bien public, de préséance même, ne les arrête. Qu'ils aillent, ces fils ingrats! manger le pain de l'exil, puisqu'ils refusent celui que leur offrait la patrie avec tant de sollicitude !

» Loin de nous, méditeront-ils, peut-être, sur les maux qu'ils ont accumulés sur leurs personnes et leurs familles ; revenus à des sentiments patriotiques, ils gémiront, sans doute, sur leurs propres fautes ! ! !

» Si l'heure de la vengeance populaire a commencé pour eux, ils l'ont voulue et appelée ; et, si jamais la mesure dépassait la borne, que, dans notre sagesse, nous croyons lui avoir assignée, c'est que le Très-Haut en aurait décidé autrement.

. . . .

. . . .

» Le champ est donc ouvert : Le gouvernement poursuivra d'une main de fer tout individu qui attentera à la paix, que je jure, *sur les mânes des héros de l'indépendance, — et sur mon épée*, de maintenir à n'importe quel prix.

» Le pays a besoin de cette paix pour reconquérir la considération universelle, assurer sa prospérité morale et matérielle, par l'application intelligente, modérée, mais constante, de cette sublime maxime :

» Le salut du peuple est la loi suprême.

» Donné au palais national du Port-au-Prince, le 1er mai 1875, au 72e de l'indépendance,

» DOMINGUE. »

» Par le Président :

» *Le Secrétaire d'Etat, vice-président,*

» S. RAMEAU.

» *Le Secrétaire d'Etat de la guerre et de la marine,*

» PROSPER FAURE.

» *Le Secrétaire d'Etat de la police générale, chargé de*
» *l'intérieur,*

» C. HEURTELOU.

» *Le Secrétaire d'Etat de la justice,*

» BOCO.

» *Le Secrétaire d'Etat de l'instruction publique et des cultes.*

» MADIOU.

» *Le secrétaire d'Etat des finances et du commerce.*

» EXCELLENT. »

Nous ne nous arrêtons pas au style de cette proclamation; nous ferons remarquer seulement qu'elle prouve d'une façon indiscutable que le pays est en état de trouble, qu'une révolution est imminente, et que les actes du pouvoir, pourront très bien ne pas être reconnus.

On s'expliquera facilement ces éventualités, quand on verra la manière dont on expédie à l'étranger les personnes qui gênent le gouvernement. Dans tous les pays, lorsqu'il y a danger pour la sécurité publique, on traduit les citoyens qui sont présumés devoir troubler l'ordre devant les tribunaux. On les juge, on les condamne ou on les acquitte.

A Haïti, les choses se passent plus sommairement ; un simple décret suffit. On est exilé, enlevé à sa famille, ruiné dans ses affaires. Il est vrai que le président vous laisse quelquefois vingt-quatre heures pour faire vos malles, mais c'est l'exception.

Voici un décret dont nous recommandons la lecture et que nous livrons aux méditations des gens qui croyent que l'ordre règne dans les Antilles :

« MICHEL DOMINGUE

« PRÉSIDENT D'HAÏTI,

» Considérant que le maintien de la paix intérieure de l'Etat est un des devoirs les plus impérieux prescrits par la constitution ;

» Considérant que cette paix, déjà obtenue par la sagesse et la modération du gouvernement, est gravement menacée, et qu'il est urgent de prendre les mesures les plus pacifiques pour empêcher toute effusion de sang ;

» Attendu que le gouvernement est convaincu de la culpabilité des individus qui sont plus loin dénommés, soit comme auteurs, soit comme complices de la conspiration qui a éclaté.

» De l'avis du conseil des secrétaires d'Etat,

» Vu l'article 124 de la constitution,

» DÉCRÈTE CE QUI SUIT :

» Article 1er. — Sont expulsés de la République les citoyens (*suivent les noms*).

» Art. 2. — Le secrétaire d'Etat de la police générale et celui des relations extérieures, sont chargés de l'exécution du présent décret.

» Donné au palais national du Port-au-Prince, le 1er mai 1875, an 72e de l'indépendance.

» DOMINGUE. »

Par le Président :

(*Suivent les signatures des ministres.*)

Les citoyens qu'on veut faire voyager sans leur consentement n'obéissent pas toujours de bonne volonté. Lorsque la fantaisie a pris à M. Domingue d'envoyer chercher à domicile deux généraux, ceux-ci ont répondu à coups de révolver, tuant et blessant plusieurs agents de police. Il est vrai qu'on les a également tués, mais cela indique que le gouvernemant éprouve de vives craintes. Il cherche à se débarrasser de ceux qu'il considère comme ses ennemis à l'aide de tous les moyens.

Le général Boisrond-Canal, ayant opposé une résistance armée quand on est venu se saisir de sa personne, le président Domingue, qui est, nos lecteurs le voient, très prodigue d'arrestations, de décrets et de proclamations, a lancé l'arrêté suivant :

» Attendu que le général Boisrond-Canal a répondu par les armes à la réquisition légale qui lui a été faite par le gouvernement, et, qu'en prolongeant sa résistance, il se met lui-même hors la loi,

ARRÊTE :

» Art. 1er. Le général Boisrond-Canal et tous ceux qui sont à sa suite, sont mis hors la loi ; tout citoyen est appelé à leur courir sus.

» Art. 2. Le présent arrêté sera exécuté à la diligence du secrétaire d'Etat de la police générale et du secrétaire d'Etat de la guerre.

» Donné au palais national du Port-au-Prince, le 2 mai 1875, an 72e de l'indépendance.

« DOMINGUE. »

Par le Président :

(*Suivent les signatures des ministres.*)

En réalité, M. Canal a eu tort de ne pas se laisser arrêter, mais est-ce une raison pour que chaque citoyen doive lui courir sus? En France, nous n'usons de semblables procédés qu'envers les chiens enragés, qui sont plus rares, heureusement, que les généraux dissidents à Haïti.

La proclamation que nous avons publiée plus haut, précédait les tentatives de soulèvement. En voici une nouvelle qui fut placardée sur les murs de Port-au-Prince, après le soulèvement :

Proclamation

« MICHEL DOMINGUE,

» PRÉSIDENT D'HAÏTI,

» Haïtiens !

» Quand nous rédigions la proclamation du 1er du

courant et le décret d'expulsion de certains citoyens, nous étions loin de nous attendre aux scènes déplorables dont la capitale a été un instant le théâtre.

» Les infâmes! ils conspiraient, mais sans aucun motif avouable, contre le gouvernement de la Restauration. Ils n'ont pas eu le courage de supporter les approches de la vérité qui les condamne et les flétrit à tout jamais devant la postérité!

» Les généraux Brice aîné, Pierre Monplaisir et Boisrond-Canal ont répondu par les armes à la réquisition qui leur a été faite par le gouvernement.

« S'il était encore permis de douter de leur culpabilité, rien que la résistance organisée qu'ils ont opposée à l'exécution de la loi serait la meilleure preuve à démontrer contre leurs criminelles menées.

» Les agents de la sûreté publique ont dû agir contre l'agression coupable d'hommes qui prétendaient être les *seuls libéraux, les gardiens des principes, mais qu'ils n'ont jamais invoqués qu'autant* que cela fut nécessaire au succès de leurs combinaisons.

» Déjà Pierre Monplaisir et Brice aîné ont succombé; Boisrond-Canal et Royer-Bareau se sont jetés dans les bois avec quelques désœuvrés comme eux.

» Seuls ils sont responsables du sang versé!

» Des mesures sont prises pour atteindre les insurgés, et bientôt, espérons-le, le gouvernement vous apprendra que justice est faite de la plus absurde témérité qu'ait encore enregistrée notre histoire.

» Haïtiens! soyez attentifs, ayez confiance en la sagesse et en la vieille expérience du chef que vous vous êtes librement choisi; il saura assurer l'ordre et la paix, sans lesquels il n'y a pas de prospérité possible!

» Donné au palais national du Port-au-Prince, le 2 mai 1875, an 72ᵉ de l'indépendance.

» DOMINGUE. »

(*Suivent les signatures de tous les ministres.*)

Nous croyons avoir prouvé, avec des documents authentiques, que l'Etat d'Haïti ne jouit pas de sa tranquillité. Les décrets et proclamations qu'on vient de lire sont extraits du *Moniteur, journal officiel de la République d'Haïti.* Le numéro dont nous les extrayons contient, en outre, un décret mobilisant les gardes nationales.

Ce décret est précédé des mots suivants :

« *Considérant que l'ordre public est menacé* par les événements qui se déroulent, et qu'il est urgent de prendre des mesures propres à garantir la sécurité des familles, etc. »

Devons-nous tirer une conclusion des pièces qui précèdent? Nous ne le croyons pas. De l'aveu de Michel Domingue, une révolution est sur le point d'éclater d'un instant à l'autre.

Ce qu'était Haïti, ce qu'il est aujourd'hui

Si nous nous en rapportons au prospectus du *Crédit général français*, qui s'est chargé de l'émission de l'Emprunt qui nous occupe, nous trouvons qu'Haïti possède un sol d'une fertilité merveilleuse. Ses produits, très abondants, seraient universellement recherchés, autant pour leur spécialité que pour leur qualité supérieure.

On se trompe et l'on trompe le public par ces affirmations. Lorsque ce pays nous appartenait, lorsqu'il était administré, gouverné, cultivé, disons le mot, exploité par les Français, c'est-à-dire avant la Révolution, la colonie nous expédiait annuellement, nous laissons de nouveau la parole aux documents officiels :

« 163,406,000 livres de sucre, 68,152,000 livres de café, 1,808,700 livres d'indigo, 1,978,800 livres de cacao, 52,000 livres de roucou, 6,900,000 livres de coton,

14,700 livres de cuirs, 6,500 livres d'écaille, 22,000 livres de casse, 11,286,000 livres de bois de teinture et plusieurs autres produits ou matières premières, comme cire, tabac, sirop, tafia, bois d'ébénisterie, dont les quantités sont diversement évaluées par les statistiques, le tout s'élevant, au taux d'aujourd'hui, à une somme de 265 millions 200,000 francs, c'est-à-dire à plus de 53 millions de piastres.

« A cette valeur, s'ajoutent les productions que la colonie réservait pour son commerce particulier avec les côtes de l'Amérique centrale, notamment avec le Mexique; avec quelques îles voisines, comme Curaçao et la Jamaïque ; avec la colonie espagnole de Santo-Domingo, et surtout avec les Anglais qui, même au milieu des guerres de la France avec la Grande-Bretagne, au dix-huitième siècle, y avaient, sur certaines côtes éloignées des villes, des rendez-vous où ils faisaient des échanges considérables avec les colons, assez peu patriotes, comme on sait.

» Il faut, en outre, pour former le total de cette production annuelle de Saint-Domingue, porter en ligne de compte les produits employés par un grand nombre de planteurs à leurs affaires clandestines et très étendues avec les Américains du Nord, qui allaient, dans de petits ports isolés, débarquer des bestiaux, des farines, leurs poissons salés, des bois de construction, qu'ils débitaient en hâte sur la côte. Ils y embarquaient en échange, chaque année, plus de 50,000 barriques de sirop, du sucre, du café et une fort grande quantité d'autres denrées tenues en réserve pour ce commerce interlope.

» Ces exportations de la colonie, au détriment du monopole de la mère-patrie, s'élevaient à un chiffre à peu près égal à celui de ses relations régulières avec la métropole, et mettent ainsi à un demi-milliard de francs la production totale de Saint-Domingue en ce temps-là, et jusque vers l'année 1802.

» Avant 1780, c'est-à-dire à une époque où la colonie n'avait pas encore atteint le degré de prospérité qui vient d'être constaté, la marine marchande de France employait annuellement à ses chargements, dans les possessions françaises d'Amérique, 562 navires de fort tonnage, et en tirait une importation générale de 126,378,155 livres, 18 sous, 8 deniers. De ces 562 navires, 353 chargeaient dans les seuls ports de Saint-Domingue ; et dans cette valeur totale d'importation de produits coloniaux dans la métropole, les trois autres colonies qui y contribuaient ne figuraient ensemble que pour une faible partie, pas même pour un tiers : la Martinique, pour 18,975,974 livres, 1 sou, 10 deniers ; la Guadeloupe, pour 12,751,404 livres, 16 sous, 10 deniers, et Cayenne, pour 488,598 livres, 3 sous, 3 deniers.

» Saint-Domingue, à elle seule donnait donc à la France, outre ce qu'elle gardait pour son commerce intercolonial, les neuf douzièmes de cette prospérité d'outre-mer dans le Nouveau-Monde, qu'on lui enviait au siècle dernier.

» Les richesses *étonnantes* de cette terre de Saint-Domingue étaient produites par 792 sucreries, 2,587 indigoteries, par des plantations comprenant ensemble 24,018,336 cotonniers, 197,303,365 cafiers, 2,757,691 pieds de cacao, et le capital de ces établissements s'élevait à une valeur de 1,487,840,000 francs.

» Outre ces industries agricoles et ces cultures destinées au commerce, la colonie avait en même temps, pour son alimentation ou pour son trafic avec les îles voisines, qu'elle approvisionnait, 7,756,225 bananiers, 1,178,229 fosses de manioc, 12,734 carreaux de terre plantés en tubercules divers : ignames, patates, etc. ; 7,046 en millet, près du double en riz ou maïs, et tout le reste de ce qu'on appelait les *places* ou jardins, en fèves, légumes et arbres fruitiers.

» Et il s'en fallait de beaucoup que tout le territoire cultivable fût en rapport. Près de la moitié de la colonie était encore en forêts.

» L'élève du bétail et des autres animaux nécessaires n'était pas négligée. Ce pays nourrissait 95,958 chevaux ou mulets, et plus de 250,000 bœufs, moutons, chèvres ou pourceaux.

» Diverses industries s'exerçaient sur un bon pied à côté de ces travaux agricoles : il y avait dans la colonie 26 briqueteries et tuileries, 29 poteries, 182 distilleries du guildive, 370 fours à chaux et 6 grandes tanneries dans le nord.

» Aucun autre pays sur la terre, toutes proportions gardées, n'était aussi riche que Saint-Domingue. Aucun autre n'offrait une existence plus facile, plus commode, plus agréable. »

Quels changements se sont opérés depuis lors. On aurait pu supposer que, rendus à la liberté, les Haïtiens travailleraient et accroîtraient leur prospérité, comme il est de règle,

« Loin de là, l'agriculture, depuis ce temps, alla toujours décroissant, et aujourd'hui Haïti ne produit plus, bon an, mal an, qu'environ 60 millions de livres d'un café mal soigné, mal récolté, inférieur, en raison de cela, à celui de toutes les autres provenances, ce qui fait une valeur d'à peu près 50 millions de francs, à la place des 500 millions que donnait précédemment le pays.

» Plus de sucre, plus d'indigo, presque plus de coton ni de cacao, plus rien enfin, il faut le dire, de ce qui fait en ce moment la richesse et le progrès des terres douées du climat des Antilles. »

Nous sommes, ainsi, loin du prospectus, qui déclare que les principaux produits du pays sont le café, les bois de teinture, les bois d'ébénisterie, les cuirs, le cacao, le sucre, etc.

Du sucre, on n'en fait plus. Quant au café, par suite de la mauvaise manipulation, il arrive en France si sale et en si mauvais état, — l'usage du café est trop répandu pour que chacun ne sache pas à quoi s'en tenir sur ce sujet, — qu'il ne se vend qu'à raison de 60 à 70 francs les 50 kilogrammes, alors que les bonnes sortes des autres provenances se vendent de 120 à 130 francs.

Les belles récoltes du pays se sont élevées, dans ces dernières années, à 50 millions de livres, soit en moyenne 40 millions de livres ou 20 millions de kilog. Le commerce du pays avec les Etats-Unis, d'où il tire tout le blé qui s'y consomme, le savon et les salaisons, qui sont devenus d'un usage général, reçoivent au moins la moitié de la production de café en payement de leurs cargaisons, et cela sans compter les importantes expéditions qui se font de tous les ports haïtiens à Hambourg, à Anvers et à Liverpool. On exagére, par conséquent, et dans un but facile à comprendre, la quantité de café expédiée en France.

Quant aux bois de teinture et d'ébénisterie, le produit en est insignifiant.

Discussion financière

Entrons maintenant, sans plus tarder, dans la discussion financière de l'Emprunt et suivons pas à pas les énonciations du prospectus pour en démontrer les points faux.

Ce prospectus dit :

« En dehors de quelques taxes intérieures, produisant un rendement d'environ 2,500,000 francs, les revenus publics d'Haïti se composent des droits de douane perçus à l'entrée des marchandises étrangères et à la sortie des produits indigènes. Depuis quelques années, ces revenus sont en très grand progrès, et, par suite des améliorations introduites dans l'administration publique, la progression ne fera très probablement que s'accroître. »

Eh bien ! nous sommes fâchés de devoir dire que ces assertions ne sont pas vraies. Les taxes intérieures donnent des revenus à peu près nuls, et, dans l'état de détresse où se trouve le pays, il n'y a pas et il ne saurait y avoir accroissement de produits.

Bornons-nous à dire, comme exemple, que l'impôt foncier, qui forme la base des revenus de presque tous les Etats, — ne produit rien depuis 1849 !

Continuons les extraits du prospectus : « Nous pouvons ajouter que cette progression est due aussi à la stabilité gouvernementale dont, depuis plusieurs années, les Haïtiens peuvent enfin apprécier les bienfaits. »

Stabilité gouvernementale ! ! ! !

Ah ! on dit d'un pays, qu'il a un gouvernement stable quand, depuis 1843, il a changé dix fois de souverain ! quand le gouvernement actuel, en proie aux luttes dont nous parlons plus haut, est à peine installé depuis un an !

« La constitution en vigueur, conforme aux vœux *généraux* (ne pas lire des généraux) du pays, repose sur des bases assez larges pour assurer sa durée et pour que la presque totalité des Haïtiens se montrent résolus à la maintenir contre toutes les tentatives dont elle pourrait être l'objet. »

Or, jamais pays n'a été plus agité ; jamais gouvernement n'a été moins aimé. Les hommes éclairés protestent journellement contre la constitution imposée par Michel Domingue, à main armée, en chassant la Chambre des représentants, — dont les principaux membres sont en ce moment à la Jamaïque. — à coups de crosse de fusils.

« Le gouvernement se compose d'un président, d'un Sénat, d'une Chambre de députés. Ce gouvernement fonctionne régulièrement. Le premier président, élu en vertu de cette constitution, est constitutionnellement descendu du pouvoir, au terme de son mandat. Son successeur, nommé l'an dernier pour une période de huit ans, remplit sa mission avec une patriotique et intelligente énergie.

» Les résultats obtenus depuis quelques années sont immenses. La confiance dans la stabilité gouvernementale a donné à tous les ressorts de l'administration une impulsion et une régularité complétement favorables aux intérêts de l'Etat et au développement des affaires. Ce qu'on a pu avec raison reprocher à Haïti, ce sont ses trop fréquents changements de gouvernement. Si, comme l'expérience des dernières années autorise à l'espérer, la nouvelle constitution fait disparaître cette unique entrave à la prospérité d'Haïti, il faut s'attendre à voir cette prospérité prendre une étendue que, toutes proportions gardées, celle d'aucun autre pays ne saurait dépasser.

» En cinq ans, le gouvernement haïtien a amorti tout le papier-monnaie créé par ses prédécesseurs ; il a payé à la France, à compte sur sa dette, et à des Français, pour anciennes indemnités, une somme qui dépasse 20 millions de francs ; il a également indemnisé, au même titre, des Anglais et des Américains établis à Haïti. »

Eh bien ! la constitution du pays ne repose pas le moins du monde sur des bases assez larges *(sic)* pour en assurer la durée. Ce n'est plus la même que celle en vertu de laquelle gouvernait le prédécesseur de Domingue. Ce dernier l'a supprimée en arrivant au pouvoir. Donc, c'est manquer de bonne foi que de dire que le premier président, élu en vertu de la constitution, est descendu constitutionnellement du pouvoir.

Quant au patriotisme et à l'intelligente énergie, on sait à quoi s'en tenir. La circulaire du *Crédit général français* est bien aimable de reconnaître que ce *qu'on a pu avec raison reprocher à Haïti, ce sont ses trop fréquents changements de gouvernement.*

Mais où l'on touche réellement la corde du lyrisme d'une main un peu trop lourde, c'est quand on exécute des variations sur l'air de : « Si, comme l'expérience autorise à l'espérer... il faut s'attendre à voir, etc. »

Le papier-monnaie n'a pas été amorti, ainsi qu'on l'affirme. On travestit encore la vérité sur ce point. Voici ce qui s'est passé : Le public, refusant le papier-monnaie qui s'augmentait journellement par de nouvelles émissions et par la fausse monnaie que chacun fabriquait, s'est vu dans la nécessité de le retirer de la circulation. Mais on a été obligé, pour atteindre ce but, de manquer à ses engagements, puisque l'Etat a donné aux détenteurs du papier présenté à l'échange, 20 0/0 environ du montant de leur capital. C'est une opération que nous sommes obligé de qualifier. Mais nous tenons à adoucir, quoique cela n'en constitue pas moins une perte pour les détenteurs.

Nous sommes désolé d'avoir à rectifier encore un chiffre donné comme authentique par le *Crédit général.* Où cette honorable Société anonyme a-t-elle pu puiser ce renseignement qu'Haïti a payé, depuis cinq ans, 20 millions de francs à compte sur sa dette envers la France ? En 1869, il ne lui restait dû que 21 millions environ ; on prétend ne lui en devoir que 10 aujourd'hui :

21 et 10 font 31, et non 21. On n'a donc payé que 11 millions, et ce n'est pas sans peine.

Le prospectus trouve dans les revenus de l'Etat la preuve de la régularité de l'administration et de la surveillance efficace qui est exercée sur les revenus.

Le *Crédit général* ne connaît certainement pas les arrestations de fonctionnaires de l'administration des finances et de membres de la chambre des comptes qui viennent d'avoir lieu pour détournement de sommes considérables qui auraient été partagées en famille ?

***

Nous tenons à éclairer le public à l'aide de faits sérieux ; aussi avons-nous cherché, dans des ouvrages spéciaux, tout ce qui intéresse la question, en ne nous occupant pas des appréciations que cette étude pourra suggérer.

Un ex-ministre des finances d'Haïti écrivait dernièrement :

« Le retrait de papier-monnaie, n'étant pas appuyé sur
» une augmentation des revenus résultant d'un accrois-
» sement de produits et, par suite, d'une extension du
» commerce, doit forcément avoir pour résultat final de
» produire sous peu la cessation de tout commerce, l'im-
» possibilité pour le peuple de se procurer le nécessaire,
» l'impossibilité, pour la République, de faire face à ses
» engagements et même au traitement intégral de ses
» fonctionnaires ; ce qui signifie qu'un retrait total du
» papier-monnaie, opéré dans des conditions si insen-
» sées, doit jeter à bref délai ce pauvre pays dans une

» situation sociale des plus dangereuses, et expose la
» société aux calamités les plus tragiques. La preuve de
» cela se trouve d'une manière saisissante dans la crise
» financière qui sévit sur la population dès ce moment ;
» dans la misère des familles, qui a atteint son comble,
» et dans ces faillites qui, depuis quelques mois, succè-
» dent aux faillites avec rapidité. Déjà, par suite de la
» rareté du numéraire, combinée avec le manque d'ad-
» ministration, le *régime* de banane est à deux piastres,
» tandis qu'il en faudrait dix ou quinze, en temps ordi-
» naire, pour valoir une piastre. »

» Est-ce par un emprunt d'une forte valeur fait à l'é-
» tranger qu'on peut arriver à s'affranchir de la néces-
» sité du papier-monnaie? Lors même qu'on arriverait à
» pouvoir contracter sur une place financière de l'Europe
» ou de l'Amérique un emprunt à des taux qui ne sau-
» raient manquer d'être ruineux, vu l'état de notre cré-
» dit, le numéraire, quelque élevé qu'il fût, qu'on met-
» trait en circulation à la place du papier, ne tarderait
» pas à disparaître.

» En effet, le commerce étranger, attiré par cet or
» subitement apporté dans le pays, forcerait ses impor-
» tations, et ne trouvant pas assez de café pour payer
» ces importations, surtout dans les mauvaises récoltes,
» se paierait en or, exporterait l'or. Au bout de peu de
» temps, il n'en resterait plus ; et alors il faudrait reve-
» nir au papier-monnaie, sans avoir pu acquitter le lourd
» emprunt qu'on aurait ainsi contracté au profit de quel-
» ques personnes. »

Il y a trois mois à peine, le Crédit industriel et commercial émit, de concert avec la maison Marcuard, André et Cᵉ, un emprunt haïtien de 21 millions environ en 41,675 obligations de 500 fr. Cette émission était faite au taux de 460 fr. par obligation, devant rapporter 40 fr. d'intérêt par an.

Séduits par le haut revenu promis, par le patronage d'un établissement de crédit réputé de premier ordre et d'une maison de banque honorablement connue, les capitalistes, sans se demander même où était situé Haïti, s'en rapportant aux énonciations faites dans les annonces, souscrivirent la presque totalité de cet emprunt.

Mais, après réflexion, ils se hâtèrent de se débarrasser de leurs titres, qui perdirent, en quelques jours, une quarantaine de francs sur le cours d'émission.

De mauvais bruits commençaient à circuler ; nous ne les rappellerons pas.

Personne ne se serait douté, que dans un délai aussi rapproché, on viendrait émettre sur notre place un autre emprunt de 83 millions cette fois.

Car il s'agit aujourd'hui de 166,906 obligations de 500 fr. Le produit de cet emprunt serait affecté :

« 1° A solder complétement, et par anticipation, le reliquat de la double dette d'Haïti envers la France, qui n'est plus que d'environ 10 millions. »

Si c'était là le seul motif de l'Emprunt, il faudrait admettre que les Haïtiens ont complétement perdu la tête. Il ont une dette de 10 millions, payable en vingt ans et qui ne leur coûte que 5 0/0 d'intérêt. Et ils tiennent à rembourser immédiatement cette somme au moyen d'un autre Emprunt, qui leur coûtera plus de 10 0/0 d'intérêt, sans compter l'amortissement! On vient de rembourser en France l'Emprunt Morgan, objectera-t-on peut-être ? Mais on n'a fait cette opération que parce qu'elle procure au Trésor une économie de 1 0/0 d'intérêt. Pour Haïti le remboursement se chiffre par une perte sèche de 7 à 8 0/0 d'intérêt à payer en plus chaque année.

Donc, ce n'est pas là un motif sérieux, une opération de trésorerie profitable, c'est tout au plus un prétexte et les capitalistes ne sauraient avoir confiance dans l'habileté ni dans la solvabilité de gens qui entendent si mal leurs intérêts.

Une partie du nouvel Emprunt serait consacrée :

» 2° A racheter et à convertir le récent emprunt de 41,650 obligations, émis par le Crédit industriel. »

Seconde faute. L'Emprunt, dit Marcuard, a été émis à 460 fr. pour un revenu de 40 fr., soit à un taux d'intérêt de 8 1/2 0/0. On émet les nouveaux titres à 430, soit à un intérêt de 9 1/4 0/0. Conséquence : Diminution du crédit du gouvernement, dépréciation de ses obligations et augmentation de sa dette.

Autre but de l'Emprunt ; il serait destiné :

» 3° A liquider complétement la dette flottante d'Haïti se montant à 6 millions de francs environ. »

Haïti n'a pas de dette flottante. Le prospectus dit que les sommes formant le montant de cette dette ont été employées à la création de la monnaie de billon pour les usages journaliers de la population. La population, si cette opération a été réellement effectuée, doit être bien embarrassée pour faire face à ses payements. 6 millions de monnaie de billon pour 600,000 habitants, cela fait 10 fr.

de cuivre par personne, hommes, femmes et enfants. Les hommes peuvent, à la rigueur, porter dans leurs poches quelques kilos de cuivre, mais les femmes, mais les enfants? Qu'on ne se hâte pas de les plaindre, on n'a jamais, à Haïti, fait fabriquer autant de monnaie que cela. Cette dette flottante est un mystère pour nous.

Si le gouvernement a fait frapper de la monnaie, il a dû la mettre en circulation en obtenant une contre-partie. Ceux à qui il a livré cet argent ont, eux aussi, donné quelque chose.

Une partie de l'Emprunt doit être consacrée, dit le prospectus :

« 4° A une série de grands travaux d'utilité publique, appelés à développer la prospérité agricole et commerciale d'Haïti. Parmi ces travaux figurent : la construction de cinq ponts sur les principales rivières, la construction et l'installation de six marchés en fer dans les six villes les plus peuplées, la fourniture des appareils pour le dragage des ports, l'établissement de phares, enfin, la construction de deux lignes de chemins de fer destinées à relier à Port-au-Prince les parties les plus fertiles de l'île, etc. »

Voilà bien des travaux à exécuter avec le montant de l'Emprunt. Haïti a certainement besoin, nous le reconnaissons, de cinq ponts et de six marchés. Mais est-il bien utile que ce soit nous qui fournissions l'argent pour les construire? Presque toute la banlieue de Paris est dépourvue de marchés et elle y aurait aussi droit que les Comayagues. Et puis, est-il bien nécessaire que ces marchés soient en fer? Ne pourraient-ils pas, les Haïtiens, se contenter de les bâtir en simples bambous, et attendre qu'ils aient les moyens d'acheter du fer avec leur argent. Ou bien conserver encore quelque temps l'habitude de leurs marchés en plein vent? Le climat est si beau!

L'idée d'avoir des chemins de fer n'est pas non plus nouvelle. De tout temps ce peuple de noirs a eu la prétention d'imiter les blancs, suivant la fable : « Tout marquis veut avoir des pages, tout petit prince a des ambassadeurs. » Les Haïtiens n'ont pas lu entièrement La Fontaine. Notre grand fabuliste a dit aussi, parlant de la grenouille qui veut imiter le bœuf, qu'elle s'enfla si bien,...

Les Haïtiens, nous sommes obligé de l'avouer, veulent imiter la grenouille. Un de leurs écrivains populaires a essayé de les en détourner, en leur répétant plusieurs fois :

« On est péniblement surpris d'entendre des gens qui se donnent pour des réformateurs, parler d'établir, en ce moment, dans le pays, des chemins de fer. C'est dire qu'il faut commencer par la fin, et cela s'appelle une absurdité.

» Pour avoir des chemins de fer dans un pays, il faut que ce pays ait une population et un mouvement d'affaires suffisants pour les entretenir. Qu'on parvienne, même chez nous, à l'aide de capitaux étrangers, à établir ces voies ferrées dont on parle si naïvement, les dépenses énormes qu'il faut faire pour préparer les terrains, pour exproprier, pour élever les remblais, creuser les voies, faire et poser les rails, percer les tunnels, construire les gares, les wagons, les locomotives, resteront perdues; cela est trop clair, puisque le travail, les affaires, la population restreinte des vastes espaces à relier, sont en ce moment trop au-dessous de ce qu'il faudrait pour occuper ces voies ferrées, et leur faire rapporter un dividende quelconque à la Compagnie.

» Avant de songer aux chemins de fer, il faut penser à rétablir les routes, devenues partout impraticables dans les temps de pluie ; il faut, une fois ces routes rétablies d'après les procédés employés de nos jours, les faire entretenir par un service régulier de cantonniers ; il faut jeter des ponts sur ces rivières qui, dans les grandes crues, interrompent les communications, où se perd une partie de la petite récolte qui se fait encore, et où se noient chaque année bon nombre de voyageurs et de cultivateurs allant dans les villes avec leurs produits.

» Quand on aura ces ponts, quand on aura ces routes, au moyen de ressources créées par l'agriculture ; quand la production se sera développée, quand il y aura des grandes valeurs de produits à transporter; quand le mouvement d'affaires sera redevenu ce qu'il était dans le pays, au commencement de ce siècle; quand par le fait de l'aisance, de la multiplication des mariages réguliers dans les campagnes et d'une immigration sagement dirigée, la population sera devenue cinq fois ce qu'elle est aujourd'hui ; alors on pourra parler des voies ferrées, et alors seulement la chose sera possible, opportune, nécessaire, profitable. »

Il y a douze ans, du reste, nos bons noirs, furieux d'être obligés de se parfumer avec les pommades arrivant de France, et de se servir de savon étranger, établirent des fabriques de cold-cream et d'eau de Cologne. Ils y renoncèrent bien vite, et l'on voit encore à travers le pays ces établissements abandonnés.

« L'Etat d'Haïti, dit encore le prospectus du *Crédit général*, n'ayant contracté aucun autre emprunt, et n'ayant aucune dette en dehors de celles mentionnées ci-dessus, sa dette totale, tant intérieure qu'extérieure, sera donc résumée et unifiée au moyen de l'emprunt actuel. »

Il serait étrange qu'il y eût d'autres dettes. Nous avons vu qu'Haïti possède de 5 à 600,000 habitants ; juste autant qu'un de nos départements. 83 millions de dettes pour un Etat de cette importance !

Le Crédit général français publie un budget de fantaisie de l'Etat d'Haïti. Suivant sa circulaire, les recettes des douanes seraient de 27 millions et demi au minimum, et les dépenses de 14 millions au maximum. D'après ce compte de fantaisie, il resterait un excédant de recettes de 13 millions et demi par an.

Si cela était, Haïti serait dans un état de prospérité inouï. Comment ! un boni de 13 millions et demi par an, tout payé. Mais, si cela est, pourquoi n'avoir pas construit les six marchés que réclame la population depuis longtemps ? Il ne faut pas 13 millions et demi pour cela, que diable !

Admettons qu'on ne soit dans une si belle situation de fortune que depuis quatre ans. L'excédant des recettes serait de 54 millions. Avec cette somme, que de marchés, que de ponts, que de phares et d'appareils de dragage on peu construire !

On est resté débiteur de 10 millions envers la France, on emprunte maintenant aux Français pour payer à d'autres Français. Mais alors, que sont devenus ces 54 millions, sans compter les excédants des autres années ?

Cet excédant des recettes sur les dépenses est un mensonge ; il n'existe pas. Nous savons que c'est à peine si l'on peut équilibrer les recettes avec les dépenses. Du reste, la meilleure preuve que nous puissions en donner, c'est que le *Crédit général français*, qui insiste longuement sur le budget des recettes, ne nous donne par le moindre détail sur celui des dépenses. Combien coûte l'armée, combien dépense-t-on pour l'agriculture, les travaux publics, les ministères, les fonctionnaires, etc. ? Pas un mot sur ce sujet. Il faut donc reconnaître que s'il existait un boni, les Haïtiens seraient des gens d'une grande naïveté et d'une mauvaise foi insigne.

Nous nous garderons bien de l'admettre un seul instant et de nous livrer à des suppositions aussi blessantes envers des gens qui ont eu l'amabilité d'égorger nos ancêtres, il y a quatre-vingts ans.

Le principal élément d'exportation est le café ; c'est sur ce produit que les douanes encaissent les dix-neuf vingtièmes de leurs recettes. On en expédie de 50 à 60 millions de livres à l'étranger. Soyons généreux, mettons 100 millions de livres. A 70 fr. les 100 livres, cela fait 70 millions. Et sur ce produit, qui n'est réel qu'au moment où le café est vendu en Europe, dont il faut déduire les frais de transport, les bénéfices des intermédiaires, l'Etat encaisserait 27 millions et demi d'impôts.

Cela ne tient pas debout comme raisonnement!

L'emprunt actuel exigera une somme de 7 millions et demi par an. Où la prendre ? Nous n'en savons rien, et les banquiers, lanceurs de l'emprunt, ne le savent pas davantage !

Pour finir, quelques mots sur la rubrique intitulée : *Régularité et garanties spéciales de l'Emprunt*, que contient le prospectus.

Il y est dit que le gouvernement se reconnaît débiteur des porteurs d'obligations ;

Que les titres provisoires délivrés aux souscripteurs seront revêtus du timbre français.

Mais, quand on emprunte, c'est bien le moins qu'on se reconnaisse débiteur.

Le timbre du gouvernement français est une simple mesure fiscale ; il figure sur tous les titres circulant en France. On le trouvera, en cherchant bien, sur les obligations du gouvernement du Honduras, emprunt qui présentait, malheureusement, bien des points de ressemblance avec l'Emprunt du gouvernement d'Haïti.

Conclusion

Le marché de Londres est celui où se négocient la plupart des emprunts des Républiques de l'Amérique du Sud.

Chacun de ces pays y est admirablement connu. Leur crédit est classé, étiqueté comme le sont les marchandises courantes, qu'il s'agisse de titres ou de balles de coton.

Les banquiers anglais, à la recherche d'opérations financières, n'auraient pas hésité un seul instant à prêter au gouvernement haïtien les 83 millions qui lui sont nécessaires, s'il s'était adressé à eux, en établissant qu'il pouvait fournir de bonnes garanties.

Mais les Anglais ne plaisantent pas ; quand on leur

parle de garanties, il ne suffit pas de leur dire : nous avons ceci, nous produisons céla. Il faut le leur prouver.

C'est ce qu'on a vainement cherché à faire. Le premier emprunt haïtien était concédé à une maison allemande, qui n'a traité avec des Français qu'après avoir frappé inutilement aux portes des maisons de banque prussiennes, autrichiennes et anglaises. C'est à un autre Allemand que le second emprunt a été concédé. Et nous avons ainsi l'étrange spectacle d'Allemands qui viennent offrir, en France, des affaires dont personne n'a voulu en Europe, et le spectacle affligeant de Français, bien plus coupables, qui acceptent la mission de ramasser l'argent français pour l'envoyer à Haïti !

Du moment où il est avéré que la République haïtienne est dans une situation politique tourmentée ; que ses finances ne sont pas prospères, — et nous l'avons assez démontré plus haut,—les souscripteurs aux 166,705 obligations qui vont être émises ont-ils raison de souscrire ?

Quand on opère le placement de ses fonds, on doit rechercher, avant tout, la garantie que le capital soit à l'abri de toute éventualité. La question d'intérêt est, pour ainsi dire, secondaire. Or, en souscrivant à l'Emprunt d'Haïti, nous sommes certains qu'on place son argent à fonds perdus.

Oui, à fonds perdus !

Il est absolument impossible, nous le maintenons, que les intérêts et l'amortissement soient régulièrement effectués.

« Après, nous déclarait avec des larmes dans la voix, un

Haïtien qui aime profondément son pays, qui en connaît à fond les ressources, on sera obligé de suspendre le service des coupons. Haïti sera non-seulement déshonoré, mais cette lourde charge qui pèsera sur ses finances entravera le développement de la richesse agricole de la République, cette chimère que poursuivent encore quelques idéalistes. »

Les Anglais, eux, ont refusé de prêter à Haïti. En Angleterre, les capitalistes sont gens pratiques ; ils calculent le présent et l'avenir. En France, il faut l'avouer, nous sommes moins prudents ; nous ne prenons jamais nos précautions. Habiles à récriminer quand le mal est fait, nous nous jetons tête baissée dans les aventures. Si nous voulions entreprendre l'énumération des affaires qui ont ruiné entièrement les souscripteurs, depuis trente ans, comparer les faits accomplis aux promesses des prospectus et des réclames, on verrait qu'il aurait suffi d'une légère étude pour empêcher bien des ruines.

C'est ce que nous avons pensé à faire pour Haïti. Nous n'avons pas la prétention d'empêcher l'émission actuelle de réussir; nous ferions injure aux *lanceurs* de l'Emprunt. Mais ces pages auront certainement pour résultat d'éviter à quelques personnes de se ruiner.

Ce qui nous a surtout décidé à publier cette étude, c'est la conviction sincère qu'on ne connaît pas en France la République d'Haïti.

Sait-on que la constitution de ce pays ne reconnaît pas aux Blancs des droits civils? Qu'aucun Français ne peut y devenir propriétaire? Que les bons Noirs ont le plus souverain mépris pour nos visages pâles? Ils nous doivent bien cette marque d'intérêt, à nous qui avons les premiers proclamé l'indépendance des hommes de couleur, à nous qui avons reconnu les droits civils d'esclaves courbés sous le bâton, qui leur avons tendu une main fraternelle, cinquante années avant les Etats-Unis !

Il est vrai que les colons français ont été partie chassés et partie égorgés.... Mais nous n'avons pas gardé de rancune. Bien mieux, c'est à peine si ces souvenirs sont restés dans notre mémoire. Et cela est d'autant plus vrai, que le *Crédit général français*, lui-même, ne paraît pas avoir la moindre idée ni le moindre souci de ces événements.

Nos lecteurs ont sous lesyeux tous les documents propres à les éclairer.

La souscription à l'Emprunt d'Haïti?....

C'est dérisoire !....

Combien comptera-t-on de souscripteurs ?

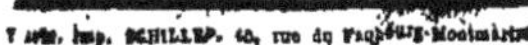

[illegible], Imp. SCHILLER, 10, rue du Faubourg-Montmartre

www.ingramcontent.com/pod-product-compliance
Ingram Content Group UK Ltd.
Pitfield, Milton Keynes, MK11 3LW, UK
UKHW012300240726
13966UKWH00004B/1523